改變世界的
STEM 職業

通訊科技
英雄

湯姆積遜／著　　翟芮／繪

新雅文化事業有限公司
www.sunya.com.hk

改變世界的STEM職業
通訊科技英雄

作　　　者：湯姆積遜（Tom Jackson）
繪　　　圖：翟芮（Rea Zhai）
翻　　　譯：張碧嘉
責任編輯：林可欣
美術設計：徐嘉裕
出　　　版：新雅文化事業有限公司
　　　　　　香港英皇道499號北角工業大廈18樓
　　　　　　電話：(852) 2138 7998
　　　　　　傳真：(852) 2597 4003
　　　　　　網址：http://www.sunya.com.hk
　　　　　　電郵：marketing@sunya.com.hk

發　　　行：香港聯合書刊物流有限公司
　　　　　　香港荃灣德士古道220-248號
　　　　　　荃灣工業中心16樓
　　　　　　電話：(852) 2150 2100
　　　　　　傳真：(852) 2407 3062
　　　　　　電郵：info@suplogistics.com.hk
印　　　刷：中華商務彩色印刷有限公司
　　　　　　香港新界大埔汀麗路36號
版　　　次：二〇二四年四月初版

ISBN: 978-962-08-8347-7
Original Title: *STEM Heroes: Keeping Us Connected*
First published in Great Britain in 2024 by Wayland
Copyright © Hodder and Stoughton, 2024
All rights reserved.
Traditional Chinese Edition © 2024 Sun Ya Publications (HK) Ltd.
18/F, North Point Industrial Building,
499 King's Road, Hong Kong
Published in Hong Kong SAR, China
Printed in China

目錄

他們是通訊科技英雄！

如今要跟家人朋友保持聯繫，實在非常方便！我們通過各樣的通訊網絡如互聯網，可以隨時隨地用智能裝置跟他們聊天，即使他們身在遠處也沒有問題。

我們能夠用這些方法聯絡他人及獲得資訊，必須感謝一班STEM英雄，包括工程師和電腦科學家。就是他們運用各種科學（Science）、科技（Technology）、工程（Engineering）及數學（Mathematics），合稱**STEM技能**來建立通訊網絡，並研發新方法幫助人與人之間保持聯繫。

首先，你們知道STEM與通訊有什麼關係嗎？

（S）科學與通訊

各個範疇的科學家會研究不同材料的特性。他們每天的研究工作都在改善人們連繫的方式，例如製作更高效的電池、觸控式熒幕或天線。

（T）科技與通訊

科技是為了讓日常生活更輕鬆便利而創造的各種工具。就如通訊或建築，互聯網就是改變了我們生活和通訊方式的科技。試幻想不能上網的日子，多不方便啊！

（E）工程與通訊

工程師運用科學和科技知識，來研發更優良的工具、更快捷的有線網絡，以及各種更聰明的通訊方式。

（M）數學與通訊

編碼和加密是通訊和連繫中很重要的一環。數學家會創造出複雜的編碼，確保信息和數據不會外洩。

強大的互聯網

我們能以各種方式傳送和接收信息和資訊，背後就是依賴互聯網這個強大系統。它於1970年代開始運作，STEM英雄自此就一直在改良它！

我們是**電腦科學家**，我們研發互聯網來連結起多個網絡的大量電腦。這個有線互連網絡就是後來的互聯網。

到了21世紀，互聯網成為了連繫人們的方式。我是**軟件工程師**，負責製作通訊應用程式和社交媒體平台，讓人們可以聊天及分享他們喜歡的影片和迷因*。

* 迷因，又名模因、梗圖，英文為 meme，指透過網路散播而廣為人知的文字、圖片或影片。

歡迎來到未來！如今互聯網能把一切都連繫起來，從你的電話、手錶，到家居、汽車、人造衞星，以及太陽能發電站！

誰能料到未來的STEM英雄能運用互聯網資訊來進一步做什麼呢？可能你就是其中一位貢獻者！

7

瀏覽萬維網

你一天會花多少時間瀏覽網站呢？或許你會在網上看影片或做功課？歡迎來到萬維網！

透過萬維網系統，我們可以瀏覽其他連結到互聯網的電腦的內容。這樣，我們就不需要將所有內容都儲存在自己的裝置上——不然儲存空間很快就會爆滿！

大部分材料都會儲存在這樣的伺服器裏，這是龐大的資料倉儲。身為**伺服器技術員**，我負責維持伺服器的正常運作。

伺服器就是擁有極大記憶體（機器裏負責儲存資料的空間）的電腦！

伺服器

每當你瀏覽網站時，都會留下關於你的身分和上網習慣的記錄或數據。我是**數據分析員**，負責在這些數據中找出有用的資訊。

例如我會分析人們最常瀏覽哪些網頁，以及在網頁上做什麼。這樣，服務供應商就能調整，改善用戶的體驗，如令資訊更容易搜尋。

社交媒體平台

我是**開發員**，會運用數據分析員提供的數據，來建立電腦系統。例如，我的推薦引擎會運用用家的數據，推算出他們在搜索結果或社交媒體網站上，可能喜歡看到哪些其他內容。

建設電訊服務系統

電訊就是傳送遠距離信息，**電訊工程師**負責建立和保養這個系統，讓我們能跟遠方保持聯繫和通訊的。

手提電話是透過傳送和接收無線電波信號來通訊的，這些信號來自無線電桅杆或發射站。而無線電桅杆是由我們**桅杆設計師**建立的，我們會為不同地點研發各式各樣的設計。

無線電波天線會
接收電話信號

裝飾成一棵樹的
無線電桅杆

透過**電纜工程師**建造的長電纜網絡，我們可以把信息傳送到很遠的地方，甚至跨越海洋也沒有問題。光纖的傳送速度最快，原理是透過閃爍的激光，以光的速度來發送信號。

銅電話線

電視電纜

光纖電纜

高速！

我們也會使用其他較簡單和慢一點的電纜來連接網絡和家居。

建築物內的無線網絡（WiFi）信號，是由互聯網路由器傳送出來的無線電波。其中的信號非常複雜，因為它同時承載着傳送給許多不同裝置的信息。

路由器由**無線電工程師**設計，能同時處理許多無線電波信號。

萬能的智能電話

其中一樣最常見的電訊裝置就是智能電話。
這個小小的手提裝置包含許多創意發明和科技，
大大改變了我們與他人聯繫的方法和形式。

以往我們只會用電話來聊天，如今
卻可以用來拍照、播放音樂，甚至
能做到大部分電腦能做的事。這要
感謝**硬件工程師**等STEM英雄！

觸控式熒幕

觸控式熒幕是智能電話的其中一個硬件。熒幕上
有很微弱的電流，當我觸碰熒幕時，皮膚會吸引
部分電流，電話就會知道我在觸碰哪裏了。
噢，視訊通話已經在連線了！

相機鏡頭

智能電話就像能放進口袋的小型電腦，但沒電腦那龐大的記憶體。

反而，智能電話會透過無線網絡或手提電話網絡，連上互聯網來取得所需資訊。

你好，你看得見我嗎？

相機小鏡頭也是智能電話的硬件之一。它會接收我面上的光線，光線照在感應器上，就會轉為電腦檔案。電話會將這檔案儲存成點狀的圖案，這點狀圖案在你的熒幕上，就會顯示為照片或影片。

提供即時新聞

記者的工作是報道新聞，讓我們與世界正在發生的事情保持聯繫。而各種形式的新聞可以即時傳送給我們，有賴背後的STEM英雄團隊。

歡迎收看新聞報道……

突發新聞

所有電話或電腦上的麥克風，在偵測聲波後，都會將其轉化為電子信號。

麥克風

信號沿着電線傳送

突發新聞

攝錄機會拍下影片，然後轉成電腦檔案。我是**圖像設計師**，會在影片上加上圖像。電腦會讀取之前儲存了的影片檔案，並快速作出改動。

影片圖像

軟件工程師研發了好方法，將影片擠壓成小包小包的數據，從互聯網以串流形式順暢地傳送到你的熒幕上。你也認為他們很聰明吧？

平板電腦

秘密的編碼系統

你有聽過「數碼科技」這個詞彙嗎？數碼的意思就是內容以數字編碼來傳送資料。**電腦程式設計師**就是製作編碼的人。

電腦所使用的數字編碼是由「1」和「0」組成的，又稱為二元碼。所有儲存在電腦上的東西，包括影片、音樂和遊戲，都是由二元碼所組成的。

數字編碼

我設計的程式能將私人的語音信息轉化為數字編碼。數碼裏包含一切所需資訊，讓電話接收後可以轉化為聲音。

電腦信號裏藏有許多秘密。或許我可以偷取一些來賺錢？

我在設計另一種編碼——加密程式。這是一連串複雜的數學公式，會將信息變得亂成一團。只有擁有編碼程式的真正用家，才能解開信息的內容！

我們透過電訊網絡傳送的信息，通常都會加密。目的是讓信息內容在互聯網傳送的過程中得以保密。

我們都花很多時間在網絡上，加密信息可幫忙我們保護個人資料和意見，確保只流傳在互信的家人、朋友之間。

噢！我一點也看不明白呢！

意想不到的智能科技

人與人連繫和溝通的方式日新月異。**工程師**和**設計師**天天都在研發新科技，務求讓我們以更新更聰明的方式保持聯繫，即使大家天各一方！

歡迎大家來出席這次會議。我是會議的主持，雖然我人在家裏，但你可以透過熒幕看到我的樣子，我也能駕駛這個機械人，在大樓裏跟不同的人説話。

這稱為「遠端臨場」或「網真」技術：我既臨場，卻也在遠方。

遠端臨場
機械人

顯示虛擬實境（VR）
視角的屏幕

你好啊。我在研究怎樣將資訊疊加在實境上。若我從這窗口望出去，並舉起手機，就能在屏幕上立刻看見這些大樓裏有些什麼設施。這稱為擴增實境（AR）。

郵局

火車站

餐廳

博物館

擴增實境（AR）

虛擬實境（VR）眼鏡

我是虛擬實境（VR）的**開發員**。虛擬實境是在電腦裏創造的世界，戴着這副眼鏡，從熒幕就能看見VR世界。今天我去了探訪外星人的星球呢！

如今，越來越多人每天都在虛擬世界裏聯繫，每天都有部分時間留在數碼世界裏度過。這個精彩的網上世界，稱為元宇宙！

城市規劃連繫你我

城市規劃師其中一個工作，就是幫助人們在現實生活中保持聯繫，而不只是依靠電話和電腦。

設計大樓的是**建築師**。他們會確保大樓的形狀和大小能配合附近的建築物，而不會阻擋原本居住在那裏的住戶之景觀。

這個屋頂平台能看到美麗的景色，也是與朋友聚會的好地方。

建築師

我們規劃新市鎮時，會盡量顧及在那裏工作和居住的人的不同需要。

我們要規劃足夠的道路和大廈，讓人可以安心工作，並安全往返公司和家居。我們也要提供無車空間，如單車徑、行人路、長凳和綠化空間。這樣，人們才會對這裏有歸屬感。

這些空間還能讓居民在日常生活中與大自然連繫！有些市鎮沒有地方讓植物生長，所以我們必須發揮創意去完成目標。

身為**景觀設計師**，我正在創建綠色植物牆，讓混凝土的街道能跟大自然連結起來。例如這個是位於大廈外牆的直立花園。

這能淨化城市裏的空氣，也能美化環境，你認為如何？

綠色植物牆

公園

單車徑

市中心模型

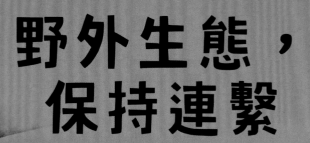

野外生態，
保持連繫

自然環境保護學家是致力保護瀕臨滅絕動物和棲息地的科學家。其中一個防止動物滅絕的重要方法，就是研究生態系統，與野外生態保持連繫。

人類已將很多野外生態的區域清空，以興建農場或市鎮。剩下的自然棲息地，就會變得支離破碎。

我們會設計野生動物生態走廊，將這些四分五裂的地段連繫起來。

這條生態走廊，其實是森林的其中一段走道。

動物可以在這條走廊裏覓食、求偶，以及尋找新的居住地。

動物學家會在動物園裏繁殖這種罕見的鶴，因為沒有適合牠們居住的野外生態。如今這些鶴需要學習跟野外生態連結起來，預習牠們過冬的遷徙路線。

通常年幼的雀鳥會跟隨着年長的雀鳥學習，但如今會由一位駕駛着微型飛機的**自然環境保護學家**帶領牠們！

微型飛機

鶴

自然環境保護學家還會運用越野自動相機來監視罕見野生動物的情況。當目標動物走過，就會觸發相機自動拍攝，並透過無線電將影像傳送出去。

老虎

越野自動相機

不論我們身在何處，都可以近距離觀看世界上最罕見的動物！

23

連接外太空

遠至外太空，也有科技工具幫助我們保持連繫！這些科技能將地球不同的地方都連繫起來，將來或許有一天，我們還能跟外星人通訊呢！

間諜衞星能拍攝地面的清晰照片。

導航衞星能讓人知道他們在地球上的位置。

通訊衞星會傳送電視影像。

我們今天會發射新的人造衞星。現時軌道上有超過5,000個人造衞星圍繞地球運行。這些衞星能幫助我們達成各式各樣的連繫，從導航到傳送電視影像都有。

探索遙遠星球和衛星的太空船，會以無線電波信號將發現傳送回地球，地球上設有巨型的無線電波碟形天線，接收這些信號。

這稱為深空網絡*，地球上不同位置都有這樣的碟形天線，方便接收任何方向傳來的信號。

* 深空網絡是支持航天任務、無線電通信及觀察探測太陽系和宇宙的全球網絡設備。

深空無線電波天線會接收太空船發出的無線電波信號。

電腦會分析來自太空的無線電波。

我是**天體生物學家**。我的工作是與地球以外的生物聯繫——即是負責探索外星生命！其中一個做法是聆聽太空裏的各種聲音，看看有沒有外星人在傳送信息給我們。我們會留意有沒有一些重複的聲音模式，那可能是外星語言的信號啊！

科技連繫大腦

工程師和**電腦科學家**研發了一些能直接連繫大腦的裝置，令人類單單透過思考就能溝通。

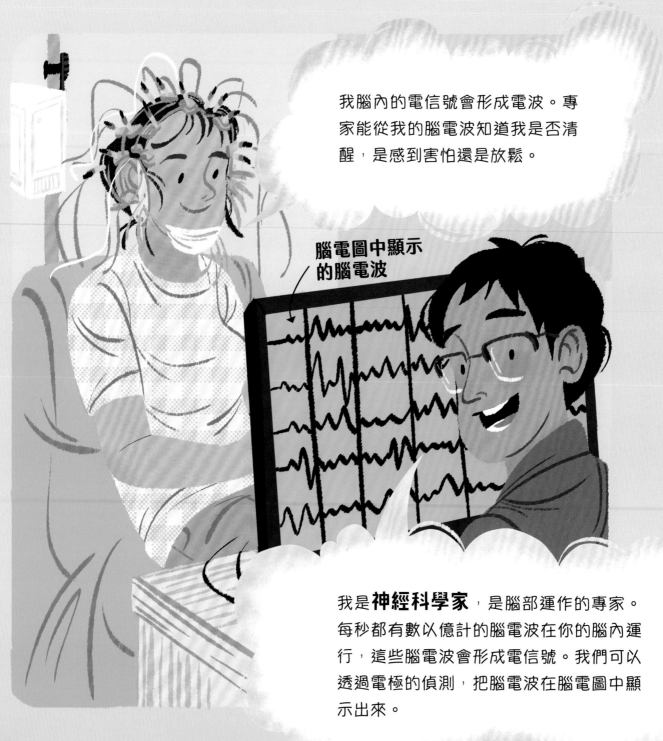

我腦內的電信號會形成電波。專家能從我的腦電波知道我是否清醒，是感到害怕還是放鬆。

腦電圖中顯示的腦電波

我是**神經科學家**，是腦部運作的專家。每秒都有數以億計的腦電波在你的腦內運行，這些腦電波會形成電信號。我們可以透過電極的偵測，把腦電波在腦電圖中顯示出來。

我無法開口說話，但這個系統將我的身體連接到電腦，它就能讀到我想要的英文字母，並顯示在這個熒幕上。太神奇了！

人工智能（AI）有點像由複雜電腦程式組成的機械腦袋，人工智能每日在進步，越來越能理解我們的腦電波。

這是磁力共振掃描（MRI），它可以在我思考、談話和做夢時觀察我的腦部。當我想着不同的事情，例如回想過去或計劃將來時，腦部活躍的區域都有所不同。

有些科學家運用人工智能來理解腦部活動，如今只需要連着一個人的腦部，就能解讀到他完整的想法和回憶。

唔⋯⋯但這是好事嗎？真的值得我們深思。

我要成為STEM 通訊科技英雄！

任何人都喜歡跟摯愛的親朋好友和世界每一角落保持聯繫。我們需要依靠很多STEM英雄來與外界通訊。這些英雄需要掌握哪些STEM技能呢？

一大羣不同範疇的專家都參與到STEM通訊科技上。其中有許多都是工程師，他們會建立電纜網絡，和設計我們使用的裝置。

另外還有一些電腦科學家，他們致力於將我們的聲音、音樂、影片和各種資訊轉化成數字編碼，透過互聯網傳送至全世界。
為了幫助我們通訊，許多STEM技能都非常重要。

物理學： 這門科學鑽研宇宙萬物運作的基本原則，例如無線電波、激光和電力。

數學： 這是對電腦科學家很有用的技能，幫助他們編寫程式和開發更好的電腦系統、更安全的編碼。

化學： 這門科學會研究物質，例如金屬和晶體。電腦微晶片、觸控式熒幕和無線電波天線的運作，都需要用到一些很特別的材料。

還有，別忘了**生物學**這學科，它可以將我們連結到大自然，包括可能存在的外星世界。

召集所有英雄！
你們的使命就是：努力學習，
獲得更多**STEM**超能力，
令世界更緊密聯繫！

通訊知識知多點

成為STEM英雄從來都不嫌早。試試挑戰以下
題目，看看自己對通訊知識的範疇有多熟悉。

問題1：

互聯網最早出現於什麼時代？

A. 1990年代

B. 1880年代

C. 1970年代

問題2：

光纖裏以什麼傳送信息？

A. 水

B. 激光

C. 老鼠

問題3：

智能電話的觸控式熒幕透過什麼來感應觸控？

A. 漿糊

B. 氣味

C. 電

問題4：

數碼是什麼意思？

A. 數字編碼

B. 數學砝碼

C. 數量號碼

問題5：

VR是什麼？

A. 混合實境

B. 擴增實境

C. 虛擬實境

問題6：

現今有多少個人造衛星環繞地球軌道運行？

A. 33

B. 1,000

C. 超過5,000

你答對了 4 題以上嗎？你果然是通訊科技專家！
如果 6 題全對——你就是**STEM英雄**！

STEM通訊小知識

- 世界上連接着互聯網的物件共有150億個，不單是電腦、電話和電視機，
  還有汽車、門鈴和人造衛星。這差不多等如世界上平均每個人都有2個連
  上互聯網的物件。

- 第一句透過電話線傳送的話是：「馬兒不吃青瓜沙律。」這個早期發明品
  誕生於1860年，聲音只能單向傳送。

- 每小時約有總共長達3萬小時的影片上載到YouTube影片網站。什麼時候
  才能全部看完呢？

5. C. 虛擬實境 virtual Reality，6. C. 超過5,000

1.C. 1970年代，2. B. 激光，3. C. 電，4. A. 數字編碼，

答案

中英對照字詞表

analyst 分析員：利用數據分析出關係及收集有用資訊的專家。

architect 建築師：設計建築物的專家。

astrobiologist 天體生物學家：尋找外星生命的專家。

biology 生物學：研究生物的學科。

chemistry 化學：研究物質組成之學科。

computer 電腦：跟從指示或程式來運作的機械，能執行不同的工作。

conservationist 自然環境保護學家：保護野外生態和防止其受傷害的專家。

data 數據：一組信息，是經由調查或實驗而得到的資訊。

developer 開發員：建立電腦系統如遊戲和網站的專家。

electrical 電氣：與電力有關的事物，如 electrical circuit 就是電路。

encryption 加密：將信息轉為秘密編碼的系統。

engineer 工程師：設計和創造各種使人們生活更好的科技專家。

graphics 圖像：用電腦添加到影片或相片的圖片。

hardware 硬件：組成電腦、電話，或其他科技產品的實體部件。

internet 互聯網：連接電腦、電話和其他裝置的網絡。

microphone 麥克風：將聲音轉化為電子信號的裝置。

neuroscientist 神經科學家：研究腦部運作的專家。

physics 物理學：研究宇宙中一切運作定律的學科。

programmer 程式設計員：負責編寫指令控制電腦和其他裝置運作的人。

router 路由器：將電腦和電話連接至互聯網的機器。

satellite 人造衛星：圍繞地球移動的太空船。

science 科學：了解世界運作方式的系統。

search engine 搜索引擎：電腦程式，可以關鍵字詞在互聯網上搜尋資訊，結果會以點列方式展示。

server 伺服器：一部儲存資訊、與其他裝置分享資料的龐大電腦。

software 軟件：令電腦運作的程式。

technology 科技：利用最先進科學和工程技術完成工作的機器或發明。

telecommunication 電訊：可以遠距離發送信息的系統，信息甚至可以發送到世界各地和太空。

telepresence 遠端臨場：讓人可足不出戶，透過機械人或無人機，去探訪朋友和參加會議的系統。

virtual reality 虛擬實境：創建數碼世界的電腦系統。人們戴着眼鏡就可以在這個世界裏活動。

延伸學習

相關書籍

《STEAM 小天才》
一套五冊，透過有趣的故事，讓孩子了解進化論、天文學、遺傳學、量子物理學及人工智能的基礎概念。

《日常事物怎樣來？圖解日常事物的運作》
解開日常事物的背後，讓孩子了解互聯網、電話通訊、電力等生活必需品的原理。

《英國權威科學家解答世界孩子科學100問》
羅伯特·溫斯頓教授通過解答100條來自世界各地的孩子們提出的奇妙科學問題，讓孩子掌握化學、物理、人體、地球、太空及自然科學等科學知識。

相關網站

How does a mobile phone work?（英文網站：智能電話如何運作？）
www.funkidslive.com/learn/techno-mum/kids-guide-to-mobile-phones
通過簡單易明又充滿趣味的錄音，介紹智能電話的運作原理。

Explore satellites and their orbits
（英文網站：探索人造衛星與它們的軌道）
www.sciencelearn.org.nz/image_maps/13-satellites-and-orbits
由專家們逐一介紹與航天工程有關的事物！

給家長的話： 左列網站都富有教育意義，我們已盡力確保內容適合兒童，但也建議各位陪同子女一起瀏覽，以檢查內容有沒有被修改，或連結到其他不良網站或影片。

香港濕地公園
www.wetlandpark.gov.hk/tc
在你身邊也有保護動物和棲息地的設施！瀏覽香港濕地公園的網頁，了解這個生態緩解區的來由，並欣賞園區內的動植物。

索引